AF587019

NOTICE GÉOLOGIQUE

SUR LE

DÉPARTEMENT DU RHONE

IMPRIMERIE STORCK. — LYON
78, Rue de l'Hôtel-de-Ville, 78

NOTICE GÉOLOGIQUE

SUR LE

DÉPARTEMENT DU RHONE

PAR MM.

Louis MASSON, Ingénieur Civil des Mines

ET

FÉLIX BENOIT, Garde-Mines du Département du Rhône

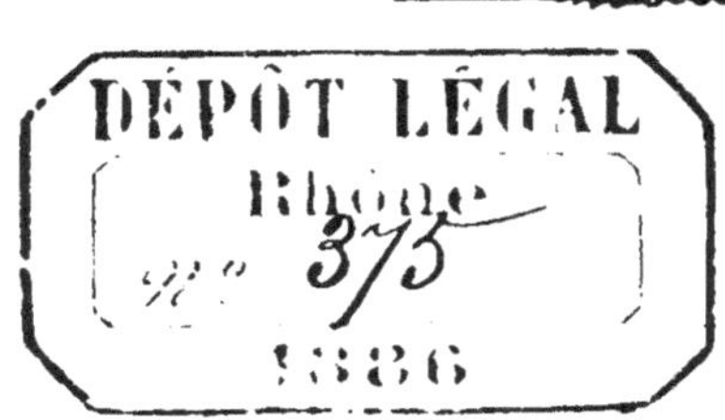

LYON

HENRI GEORG, LIBRAIRE-ÉDITEUR

Rue de la République, 65

—

1886

EXTRAIT
DES PROCÈS-VERBAUX
DES
SÉANCES
de la Société des Sciences Industrielles de Lyon

M. le Président rend compte succinctement d'une notice fort intéressante de MM. Masson et Benoit sur la Géologie du département du Rhône, étude qui vient combler une lacune fort regrettable, aucune publication ne produisant encore une vue d'ensemble de la région lyonnaise.

Notre région renferme des spécimens d'à peu près tous les étages géologiques, sauf le crétacé ; les gneiss, les micaschistes, les talcschistes se rencontrent principalement au sud du département, les porphyres dans le haut Beaujolais, souvent traversés par des filons de granite, de quartz, de baryte sulfatée, de galène parfois argentifère, d'oxyde de manganèse et de fer, et enfin des pyrites de fer.

Les terrains de transition sont représentés par des grès, des poudingues, des quartzites.

Les terrains houillers se rencontrent au sud du département, dans le prolongement du bassin de la Loire, et sont, plus au nord, représentés par les couches de Ste-Foy-l'Argentière.

Les terrains secondaires se rencontrent dans les collines du bord de la Saône et dans les massifs du Mont-d'Or, où l'on trouve principalement le Jurassique, et où ils forment les carrières de St-Fortunat, de Couzon, de Lucenay.

Les terrains crétacés manquent absolument.

Les formations tertiaires se trouvent : l'éocène à Chassagne, Curis, Dardilly, Collonge ; le miocène à Feyzin et aux Etroits ; le pléocène à St-Germain.

Enfin, les formations quartenaires composent le plateau Bressan, parsemé de blocs erratiques et une partie de la plaine du Dauphiné.

NOTICE GÉOLOGIQUE

SUR LE

DÉPARTEMENT DU RHONE

PAR

MM. Louis MASSON, Ingénieur Civil des Mines

ET

Félix BENOIT, Garde-Mines du Département du Rhône

OBSERVATIONS GÉNÉRALES

Le département du Rhône est d'une constitution géologique très variée, et l'on y trouve un grand nombre des terrains dont se compose l'écorce solide du globe ; mais ils sont le plus souvent disloqués, redressés en sens divers ou éparpillés en lambeaux, et ils portent les traces de violents soulèvements ou d'érosions puissantes.

FORMATIONS PRIMITIVES.

Division des formations primitives. — Les formations primitives se montrent au jour sur de grandes étendues ; elles se présentent sous des formes très variées, que l'on peut ramener à trois types principaux :

Les *gneiss* et *micaschites*, les *porphyres*, les *granites*, tous les trois formés de *quartz*, *feldspath* et *mica*.

Les gneiss et micaschites, paraissent être la première croûte dont le refroidissement du globe ait amené la solidification. Ce seraient donc les terrains les plus anciens.

1° *Gneiss et micaschistes.* — Le gneiss est formé, comme nous l'avons dit, de quartz, feldspath et mica ; les paillettes de mica sont orientées suivant une direction constante, ce qui donne à la roche un aspect rubanné ; le quartz et le feldspath sont à l'état de grains plus ou moins fins.

Lorsque, tout en restant alignées, les paillettes de mica deviennent plus larges et plus abondantes, la schistosité de la roche augmente, et on passe au micaschiste ; enfin il est des micaschistes dont le feldspath disparait, il reste alors une roche très-schisteuse composée de quartz et mica.

Les gneiss et les micaschites forment la masse principale de la partie sud du Département : le versant nord du massif du Pilat, les chaines de Riverie et d'Iseron, le canton de Condrieu ; plus près de Lyon, on peut les étudier à Francheville, ils atteignent les bords de la Saône à Pierre-Seize, Rochecardon, l'Ile-Barbe et Rochetaillée et les bords de l'Azergue à Civrieux.

L'aspect de cette roche présente d'ailleurs de grandes variations selon les localités.

Un peu au-dessus de la Madeleine, sur la route de Rive-de-Gier à Givors, on trouve un micaschiste avec mica blanc en paillettes très-larges et très abondantes, ce qui donne à la roche un aspect argentin et un toucher onctueux ; elle se délite facilement.

Au rocher de Pierre-Seize et à Rochecardon, la schistosité est beaucoup moins prononcée, on a un gneiss qui passe au granite par une suite de transitions insensibles.

A Haute-Rivoire, le gneiss, tout en conservant sa tenacité, prend un aspect fibreux remarquable.

A Savigny, près de l'Arbresle, le mica est remplacé par du talc ; on a là une masse fibreuse, onctueuse au toucher, couleur gris verdâtre, que l'on nomme *talcschiste*.

2° *Porphyres*. — Les porphyres sont formés d'une pâte feldspathique au milieu de laquelle sont disséminés du feldspath en cristaux, du quartz en grains ou en cristaux et des paillettes de mica.

La majeure partie des montagnes du Haut-Beaujolais est formée d'un porphyre à pâte généralement rouge, plus rarement verdâtre, contenant des cristaux de feldspath de grandes dimensions, de nuances plus claires que la pâte, et de petits cristaux de *quartz hyalin*.

Cette formation s'étend depuis le canton de Monsols jusqu'au dessous de Chamelet sur l'Azergue.

Des masses moins considérables se prolongent par Tarare, Pontcharra, *St-Symphorien-sur-Coise.*

3° *Granite.* — Dans le granite, les trois éléments, quartz, feldspath et mica, sont tous les trois à l'état de grains ou cristaux ; toutefois on distingue un grand nombre de variétés de granites, variétés qui diffèrent entre elles, soit par la grosseur des éléments, soit par la diversité des proportions suivant lesquelles ces éléments sont associés, soit par la couleur des feldspath et mica.

Les granites existent dans le département du Rhône à l'état de filons qui ont souvent plusieurs centaines de mètres ou même plusieurs kilomètres de puissance, et qui paraissent avoir percé les gneiss ou porphyres à des époques très variables, souvent postérieures au dépôt des premières formations sédimentaires.

Un énorme filon de granite porphyroïde se dirige de St-Bonnet-le-Froid à Limonest, en passant par Marcy et Charbonnières ; il est formé de quartz gris, feldspath blanc et mica noir ; le même granite se retrouve à Soucieu, à Rontalon, etc., en un grand nombre de points qu'il serait trop long d'énumérer.

Les porphyres du Haut-Beaujolais sont sillonnés par plusieurs filons de granite. Les gneiss et micaschistes du sud également.

Aux environs de Tarare, on trouve un granite syénitique, c'est-à-dire dans lequel une partie du mica est remplacée par de l'amphibole.

Cette roche établit le passage entre le véritable granite et la syénite que nous avons eu l'occasion d'observer au Ballon d'Alsace.

A Montagny, on trouve de la *leptynite*, c'est-à-dire, un granite à grains très fin avec peu de mica,

A l'Ile-Barbe, à Mornant, on trouve de l'*amphibolite*.

A Monsols, Grézieu-la-Varenne, Brindas, Chaponost, Rochecardon, etc. le granite passe à la *pegmatite*, c'est-à-dire que le quartz et le feldspath sont blancs, cristallisés l'un dans l'autre à grands éléments ; le mica noir qui s'y trouve disséminé prend l'aspect de caractères hébraïques ou hiéroglyphiques. En plusieurs points de la chaîne de Riverie on trouve de la diorite.

Beaucoup de ces granites, porphyres et gneiss fournissent d'excellents matériaux pour le pavage des villes.

Remarque. — Le département du Rhône ne renferme pas de roches éruptives d'origine plus moderne, et les *trachytes, basaltes* ou autres produits volcaniques y sont tout à fait inconnus.

FILONS. — Beaucoup de filons sont essentiellement formés de quartz.

Filon de quartz de Fleury et de Chenas. — L'un de ces filons mérite une mention spéciale : il se trouve dans le Beaujolais, sur le territoire des communes de Fleury et de Chenas, et on le suit sur plus d'une lieue de longueur par une série de crêtes à formes irrégulières et tranchantes qui se détachent d'une façon abrupte du granite encaissant et s'élèvent avec continuité dans la plaine jusqu'au sommet de la montagne de Chenas. La puissance varie de 6 à 15 mètres. Le quartz se présente dans ce filon sous toutes sortes de formes : *calcédoine, agate, cristal de roche, quartz laiteux, pierre à fusil.* Il n'est pas rare d'y trouver la *baryte* associée et quelquefois mouchetée de *galène.*

Filon de quartz de Villechenève. — Un autre filon de quartz situé près de Villechenève, non loin de Tarare, doit être cité pour ses nombreuses géodes tapissées de beaux échantillons de cristal de roche.

D'autres filons de quartz existent à St-Symphorien sur-Coise, Iseron, St-Bonnet-le-Froid, etc.

On peut aussi remarquer un filon de *serpentine* à Savigny, de *sulfate de baryte* à Chaponost, à Haute-Rivoire, à Chazelle-sur-Lyon, entre Saint-Bonnet-le-Froid et Vaugneray, à Chenelette, à Monsols, etc.

Nous aurons occasion de revenir sur quelques-uns de ces filons à propos de la galène qui s'y trouve quelquefois associée.

Filons de galène. — Plusieurs filons du Beaujolais sont plombifères et d'allure bien caractérisée. Comme le filon de Chenas, ils se dirigent vers le Nord Nord-Est et appartiennent à un même système. La galène n'y est pas argentifère, et elle est irrégulièrement disséminée dans une gangue de quartz et de baryte sulfatée. Elle est fréquemment associée à du *phosphate* et à du *carbonate de plomb.*

Filon de plomb argentifère de Joux. — Les environs de Tarare présentent aussi plusieurs gites de plomb. L'un d'eux situé près de Joux fut exploité au moyen-âge comme plomb argentifère ; les travaux repris au dernier siècle furent bientôt abandonnés comme trop pauvres.

Filon de galène argentifère de Valsonne. — Des recherches faites au commencement de ce siècle ont fait connaître près de Valsonne à deux lieues de Tarare, un gîte irrégulier de galène argentifère. Cette substance est fréquemment associée avec de la *pyrite de cuivre*, de l'*arséniure de fer* et de la *blende*. La roche encaissante appartient au terrain de transition. Elle a été profondément modifiée par l'éruption de porphyres qui abondent dans cette contrée, et la matière du filon l'a pénétrée jusqu'à une certaine distance du toit. Ce gisement de Valsonne est tout à fait différent des filons de plomb que nous avons décrits d'abord, et qui sont assez nombreux dans le département du Rhône. Dans ces derniers, le sulfate de baryte est d'ordinaire une substance intégrante du filon, et maintes fois même elle s'y trouve presque entièrement à l'exclusion du plomb, tel est, par exemple, le gisement de baryte sulfatée qui a été exploité à Chaponost auprès de la grande ligne des Aqueducs romains et qu'on voit se développer jusqu'au sommet du plateau.

Filon de galène de Chasselay. — Un autre gîte de galène exlste à Chasselay, non loin de Saint-Germain-au-Mont-d'Or. Il a été exploité au XVIIIe siècle.

Filon des Ardillats : Un réseau fort complexe de filons métallifères sillonne les territoires de : Monsols, les Ardillats, Chenelette, Poule, Propieres et Azolette, on y trouve du plomb à l'état de galène argentifère, carbonates, phosphates, arséniates et chlorure, un peu de zinc à l'état de blende.

La plupart de ces filons ont été explorés ; la mine des Ardillats a même été exploitée pendant un temps assez long ; mais on a dû y renoncer à cause de l'irrégularité des gisements

Gite de manganèse de St-Julien. — Non loin de Villefranche, sur le territoire des communes de St-Julien et de Blacé, se trouve un gîte de *manganèse*, de même gisement que les filons de la même substance à Romanèche (Saône-et-Loire), près de la limite du département du Rhône. *L'oxyde de manganèse* y est irrégulièrement disséminé dans une gangue de baryte et de *chaux fluatée*, et il est fréquemment mélangé d'oxyde de fer. A Saint-Julien, il forme un filon de 0^{m}60 à 0^{m}80 fortemement incliné à l'Est. La roche encaissante est un granite porphyroïde dont les fissures se sont imprégnées de minerai au voisinage du filon. Ces recherches avaient été entreprises dans ce filon par les propriétaires des mines de Romanèche, mais la pauvreté du gîte y a fait renoncer.

Oxyde de fer. — L'oxyde de fer existe en plusieurs points du département du Rhône, mais il entre rarement dans une proportion assez forte pour constituer un véritable minerai. En plusieurs points du Beaujolais se trouve associée, avec le porphyre ordinaire, une roche de granite à cristaux bien nets, et dans la composition de laquelle l'oxyde de fer entre comme *base isomère* de la chaux et de la magnésie. La proportion de fer n'est toutefois pas de plus de 12 à 14 pour 100, et ces granites ne pourraient par conséquent être utilisés que comme riches fondants pour les hauts-fourneaux à proximité immédiate du gîte. Un bel épanchement de cette roche se montre sur le territoire de la commune de *Lantignié*, près Beaujeu, et l'on y trouve intercalées des veines de *fer oligiste* mélangé de *fer oxydulé* et fréquemment associé avec de la baryte. L'une des fouilles qui ont été faites, est même tombée sur un amas d'une certaine étendue, et on a extrait pendant trois années du minerai fortement *magnétique* et d'une grande richesse.

Minerai de fer magnétique de Vaux-Renard près Lamure. — Le même minerai qu'à *Lantignié* a été trouvé dans la commune de Vaux-Renard sous la forme d'un lambeau plaqué contre un porphyre verdâtre.

Minerai de fer magnétique dans les communes de Chaponost et de Sainte-Foy. — Des indices d'un minerai pareil se sont encore montrés sur les deux rives de l'Iseron, dans les communes de Sainte-Foy et de Chaponost. Dans ce dernier lieu, on a même constaté l'existence d'un petit filon de 0m10 à 0m30 d'épaisseur, d'où l'on a tiré du fer magnétique à gangue de baryte sulfatée et d'une grande richesse.

Remarque : En somme ces gisements sont de plus d'importance et ne peuvent donner lieu à une exploitation régulière.

Filons de Chessy et de Sain-Bel. — Les filons les plus intéressants du département du Rhône, au point de vue industriel, sont ceux de Chessy et de Sain-Bel.

Ces filons contiennent surtout des *pyrites de fer, cuivre et zinc*. En *premier lieu* on y avait trouvé, à l'état d'amas, du *cuivre oxydé* noir ou rouge, enfin du *cuivre carbonaté bleu (azurite)* dont on peut voir de magnifiques échantillons au Musée de Lyon.

Pendant de longues années, ces gisements ont été exploités comme minerais de cuivre.

Actuellement le cuivre est considéré comme épuisé ; la mine de Chessy est abandonnée, on continue à extraire du filon de Sain-Bel de la pyrite de fer, que l'on emploie pour la fabrication de l'*acide sulfurique*.

La mine de Sain-Bel est exploitée par étages, au bas desquels se trouve la galerie principale de roulage aboutissant au puits d'extraction ; chaque étage est divisé en sous-étages de 5^{m} de hauteur ; chaque sous-étage en tranche de 2^{m}50. On prend les sous-étages de haut en bas, et dans chaque sous-étage les tranches de bas en haut.

Actuellement, on a divisé les tranches qui ont environ 500 mètres de longueur suivant la direction du filon en deux moitiés de 250 mètres environ, que l'on prend successivement.

Les chantiers ont en général deux hommes. Ce sont des recoupes perpendiculaires à la galerie de roulage de la tranche et qui vont jusqu'aux épontes du filon.

Deux plans inclinés font descendre le minerai au milieu de la galerie de roulage de l'étage.

On a installé dernièrement un trainage mécanique qui amène tous les minerais de la région Sud à une recette située à 115 mètres de profondeur. Ce trainage se fait par chaine flottante sur une longueur de 470 mètres de palier et sur une longueur de 148 mètres en plan incliné. Le système sera automoteur pendant le dépilage des 2/3 de la hauteur verticale du plan incliné, c'est-à-dire pendant une vingtaine d'années, en admettant une production de 150,000 *tonnes par an*.

TERRAINS SEDIMENTAIRES

Les terrains sédimentaires sont ceux qui se sont formés par l'action des eaux, par voie de transport ou par voie de précipitation chimique.

Division des terrains sédimentaires. — Les terrains sédimentaires se divisent en quatre grandes classes : 1° Ceux qui appartiennent à *la période de transition* ; 2° les *formations secondaires* ; 3° les *formations tertiaires* ; 4° les *formations quaternaires*.

Il n'est pas facile de discerner quels sont les plus anciens terrains de ce genre. Plusieurs auteurs placent dans cette catégorie les micaschistes et même les gneiss, mais sans nier que l'action du feu intérieur combinée avec celle d'une forte pression, puisse changer complètement dans des couches de sédiment la texture et la disposition des éléments de façon qu'elles prennent l'apparence de micaschites ou de gneiss, les passages de ces dernières roches aux granites sont toujours trop nombreux, et leur texture rubannée s'explique trop bien par l'action même du refroidissement et la pression qui a pu s'exercer en sens divers pour qu'il ne soit pas plus rationnel d'attribuer à la plupart de ces roches une origine ignée.

I. — Période de transition.

La formation sédimentaire la plus ancienne que l'on rencontre d'une manière bien caractérisée dans le département du Rhône, se compose d'une série de couches de *grès*, de *schistes* et de *calcaire*, alternant entre eux sans ordre de succession bien constant. Ces calcaires ont le plus souvent une teinte foncée grise ou noire tirant sur le bleu. Ils sont traversés de nombreuses veines d'un calcaire cristallin blanc et renfermant des débris de coquilles marines. On a exploité ces calcaires dans le département du Rhône, à Joux, près de Tarare, pour la confection de la chaux.

D'autres calcaires du même âge sont d'un blanc bleuâtre et d'une texture saccharoïde ; des filets schisteux de couleur verte les traversent. Ils sont susceptibles de recevoir un beau poli, et, dans des cas de couches peu fissurées peuvent être exploités pour marbres. Des calcaires de ce genre s'observent sur la rive gauche de l'Azergue, non loin des villages de Ternande et d'Azolette.

Au-dessus de ces couches, on trouve maintes fois, à stratification discordante, une sorte de conglomérat surmonté par des *grès*, des *poudingues* et des *quartzites*. Cette formation s'étend de l'Arbresle au Saint-Rigaud, passant par Tarare, Amplepuis et Thizy. Elle se prolonge dans le département de la Loire, forme le bassin anthracifère de Saint-Symphorien-de-Lay, et il s'y trouve non loin de Thizy, des couches d'anthracite qui ont été exploitées. Toutes ces couches portent les traces de l'action d'une chaleur intense qui a modifié leur structure et les a, pour se servir de l'expression consacrée, *métamorphisées*. Telles sont aussi les couches que l'on a recherchées et que l'on n'a pu exploiter, à cause de leur peu de régularité et de leur peu de richesse, à Claveysolles, à Saint-Bonnet le-Troncy, etc. On n'a trouvé que de très petites couches ou veines irrégulières d'un charbon sec et très mélangé de schistes avec empreintes de végétaux fossiles.

On a longtemps attribué ces couches au terrain de transition proprement dit, et l'on a même cru y reconnaitre les trois étages principaux de ce système connu sous les noms de formations : *cambrienne, silurienne* et *dévonienne.* Il est reconnu aujourd'hui que ces couches forment un étage inférieur du terrain carbonifère, ce qui donne ainsi l'équivalent du *calcaire carbonifère* de l'Angleterre et de la Belgique.

Terrain houiller. — Indépendamment de ces formations inférieures, le terrain houiller existe dans la région du département du Rhône en deux bassins bien distincts.

Les premiers dépôts se trouvent dans le *bassin de Saint-Etienne et Rive-de-Gier* ; les seconds dépôts forment le *bassin de Sainte-Foy-l'Argentière.*

Bassin de St Etienne et Rive-de-Gier. — Le riche bassin houiller de St-Etienne et Rive-de-Gier a son plus grand développement dans le département de la Loire, son étude sort donc de notre cadre (1). Nous dirons seulement que l'on voit se prolonger sur le territoire de Rive-de-Gier à Givors la formation carbonifère de la Loire. Comme à Rive-de-Gier et à St-Etienne, ces terrains sont essentiellement composés de grès, schistes et poudingues, irréguliers et de stratification souvent confuse.

Cette bande de terrain houiller de Rive-de-Gier à Givors établit la liaison entre le bassin de St-Etienne et celui plus récemment exploré de Communay et Toussieux.

Bassin de Sainte-Foy-l'Argentière. — Le bassin bien distinct et bien isolé de Sainte-Foy-l'Argentière se trouve dans la vallée de la Brevenne, à l'endroit où elle s'élargit suivant une longue et large plaine d'où les eaux s'échappent au-dessous du village de Sainte-Foy-l'Argentière par un étroit défilé granitique. La formation carbonifère a rempli la

(1) Voir Géologie du bassin houiller de la Loire, par M. Gruner.

vallée sur plus de 10,000 mètres de longueur, mais la plus grande largeur n'excède pas 2.000 mètres, et elle est encaissée de toutes parts par des roches primitives. Elle se compose de grès plus ou moins fin offrant des empreintes de fougères et de roseaux, de quelques poudingues et de schistes argileux de couleurs diverses. Trois couches y sont intercalées ; la dernière qui a une épaisseur de *3m00* à *1m00*, est seule exploitée.

L'inclinaison générale dans la mine est dirigée vers le Sud-Sud-Est en sens contraire au courant de la rivière ; mais elle est différente à l'autre extrémité du bassin. Près des affleurements, les couches se relèvent maintes fois dans une position verticale, et ce redressement est sans doute contemporain des accidents de même nature qu'ont subies les couches du terrain houiller de la Loire.

Actuellement, deux puits servent à l'extraction et communiquent entre eux pour l'aérage : les puits Fenoyl et l'Argentière.

De la recette du puits l'Argentière, à 414 mètres de profondeur, part un travers-bancs qui va recouper la couche à une centaine de mètres du puits. Ce travers-bancs est relié au niveau du quatrième étage du puits Fenoyl par 220 mètres de plans inclinés, rachetant 75 mètres de différence de niveau.

Cette hauteur de 75 mètres est divisée en deux étages. L'exploitation actuelle est concentrée tout entière dans l'étage supérieur. On a seulement commencé quelques travaux de traçage dans l'étage inférieur. Dans l'étage supérieur, l'exploitation se développe vers l'Ouest et vers l'Est.

La production annuelle est de *40.000 tonnes* environ.

Filon de fer magnétique. — Dans les schistes anciens qui encaissent le terrain houiller, on a découvert en 1884 un petit filon magnétique. Il a été fait quelques tranchées, mais le filon a été reconnu bientôt d'une épaisseur trop réduite, et les travaux n'ont pas été poursuivis.

Autres dépôts de formation carbonifère. — La formation carbonifère se trouve en d'autres points du département du Rhône. Les grandes érosions qui ont donné au sol son relief actuel n'en ont laissé que des lambeaux irréguliers. Tel est le gîte de Courzieu, situé sur la rive gauche de la vallée de la Brévenne, et où l'ancienne Compagnie de Chessy fit pratiquer d'infructueuses recherches.

Comme fossiles, les terrains des environs de Thizy contiennent des *mollusques brachiopodes des genres : productus, Orthis, spirifer;* des *trilobites :* genre *phillipsia ;* des *lamellibranches* genre *avicula.*

Dans les bassins houillers on trouve surtout des empreintes végétales : *pecopteris, lycopodiacées, calamites, sigillaires.* etc. plantes analogues aux *fougères*, aux *lycopodes,* aux *prêles* de nos jours ; mais avec des dimensions gigantesques.

II. — Formations secondaires

Les phénomènes qui se sont accomplis pendant la période carbonifère, ont eu pour effet une purification générale de l'atmosphère qui a modifié considérablement les conditions de la vie à la surface du globe.

Alors a commencé la *période secondaire*, caractérisée dans son ensemble par *trois faits* bien apparents :

1° *La végétation perd cette puissance extraordinaire qu'elle avait à l'époque houillère ;*

2° *Les vertébrés, et principalement les reptiles, se répandent sur les continents, alors que les mollusques céphalopodes dominent dans les mers ;*

3° *En présence du calme qui règne dans les Océans, les conglomérats et les grès sont le plus souvent remplacés par des formations marneuses et calcaires à grains beaucoup plus fins.*

Division de la formation secondaire. — On compte dans la formation secondaire trois terrains principaux : le *trias*, le ***jurassique*** et le ***crétacé***. — Ce dernier n'existe pas dans le département du Rhône.

1° Le *trias* est ainsi nommé parce qu'on y distingue trois étages :

1er étage : le *grès bigarré*. — 2e étage : le *muschelkalk*. — 3e étage : les ***marnes irisées***.

Ces trois étages peuvent être observés dans le département du Rhône.

1er *étage : Grès bigarré*. — Les grès bigarrés se trouvent à Civrieux, à Dardilly, entre Limonest et Saint-Germain-au-Mont-d'Or, à l'Arbresle, à Chessy, où ils encaissent le gîte de cuivre carbonaté bleu. Ils forment en général la base des escarpements. Ces grès consistent en un sable quartzeux blanc ou grisâtre aggloméré par un ciment siliceux ; on y trouve quelquefois des cristaux de feldspath, ce qui les rapproche des arkoses du Maconnais.

La roche, presque blanche ou légèrement verdâtre dans la masse, finit par se colorer en jaune ou rougeâtre par exposition à l'air. A Chessy, on en trouve des échantillons bleus par pénétration de l'azurite.

Sa dureté et sa ténacité sont remarquables, et l'ont fait employer pour le pavage des villes; mais en présence des difficultés d'exploitation on a dû y renoncer.

2e *étage : Le Muschelkalk.* — Le Muschelkalk, immédiatement superposé au grès bigarré, se trouve à peu près aux mêmes endroits.

C'est un *calcaire dolomitique* couleur lie-de-vin. Son grain est grossier, mais sa dureté est assez grande pour qu'on puisse en faire une pierre de construction.

Toutefois cette formation présentant peu d'étendue, n'est pas exploitée en grand, les matériaux qu'on en extrait, ne s'emploient guère que sur place.

Les fossiles ne sont pas répandus dans tout l'étage, mais localisée dans un banc de quelques centimètres d'épaisseur : ce sont surtout des *poissons plocoïdes, ganoïdes* et *cténoïdes*, et aussi certains *gastéropodes*.

3e *étage : Marnes irisées.* — L'étage des marnes irisées se compose d'une succession de couches de marnes alternant avec des grès Comme aspect, les grès ressemblent assez à ceux de l'étage des grès bigarrés, mais leur ténacité est souvent beaucoup moindre, les marnes passent par toutes les couleurs.

Les bancs de gypse et de sel gemme, qui caractérisent cet étage en Lorraine et en Franche-Comté, ne sont représentés dans le département du Rhône que par des traces presque inappréciables.

Les grès de cet étage sont trop friables pour fournir de bons matériaux de construction ; le sable résultant de leur désagrégation est quelquefois employé pour la fabrication du mortier.

En somme, le trias forme une ceinture mince et peu continue à la base des dépôts jurassiques.

2° Terrain jurassique. — Le terrain jurassique est ainsi nommé, parce qu'il a été tout d'abord étudié dans les chaînes du Jura.

Division du terrain jurassique. — La plupart des géologues le divisent en 11 étages, qui sont, en allant de bas en haut :

1° *Infraliasien.*
2° *Sinémurien.*
3° *Liasien.*
4° *Toarcien.*
5° *Bajocien.*
6° *Bathonien.*
7° *Callovien.*
8° *Oxf rdien.*
9° *Corallien.*
10° *Kimmeridgien.*
11° *Portlandien.*

Ces 11 étages ne sont pas tous représentés dans le département du Rhône : toutefois on peut en observer un grand nombre. Le massif du Mont-d'Or lyonnais présente à ce point de vue un champ d'études et de ressources remarquables.

Ces terrains couvrent aussi une surface considérable dans le bas Beaujolais, ils se prolongent parallèlement à la Saône d'une façon plus ou moins continue pour se relier aux vastes formations jurassiques du Mâconnais et de la Bourgogne.

Ces formations jurassiques consistent surtout en calcaire et fournissent une grande variété de matériaux de construction.

Nous allons examiner ce qu'elles ont de plus remarquable :

L'*Infralias* existe à Anse, au Bois-d'Oingt, à Blacé, près de Villefranche, notamment au nord du Verdun et dans la vallée d'Arche.

La composition de cet étage est extrêmement variée : on y trouve alternativement des bancs de marne et d'argile blanche, grise ou rougeâtre, plus ou moins ferrugineuse, des calcaires magnésiens jaunes ou rouges à la partie supérieure, des grès formés de grains de quartz hyalin agglomérés par un ciment calcaire ferrugineux, surtout dans la partie moyenne et supérieure.

Les calcaires de cet étage ont été exploités, surtout comme pierre à chaux et comme matériaux d'empierrement pour les routes, et aussi accidentellement comme matériaux de construction, par exemple, pour les églises de Saint-Didier et Saint-Cyr.

Les fossiles sont nombreux dans cet infra-lias, mais leur étude nous entrainerait trop loin ; nous citerons seulement ceux qui, caractérisant des niveaux différents, ont servi à établir des subdivisions dans cet étage.

Ce sont en allant de bas en haut : l'*avicula contorta*, la *plicatula intus-striata*, l'*ammonites planorbis* et l'*ammonites angulatus*.

Le *sinémurien* forme un niveau bien caractérisé et facile à reconnaitre à la base du terrain jurassique, il s'étend dans une bonne partie du Beaujolais, Anse, etc. ; mais c'est surtout aux carrières de Saint-Fortunat que l'étude en est la plus facile.

Cet étage est principalement formé d'un calcaire gris, bleuâtre ou rougeâtre contenant une quantité énorme de *gryphées arquées*, tellement qu'on remplace souvent le nom de sinémurien par celui de calcaire à gryphées arquées.

Ce calcaire est exploité en un grand nombre de points. Il fournit une pierre de taille de qualité ordinaire, dont on a employé des quantités énormes dans les anciennes constructions de Lyon, surtout comme marches d'escalier et comme pierres d'évier. On en fait aussi des montants de portes et fenêtres ; toutefois l'emploi de ce calcaire tend à se restreindre, depuis qu'on a vulgarisé la pierre de Villebois et la pierre blanche de Beaucaire.

Les bancs les plus durs sont susceptibles d'un certain poli et donnent d'assez beaux marbres, les gryphées formant des dessins blancs sur le fond noir du calcaire.

Le nombre de carrières ouvertes dans le sinémurien est considérable.

Le *Liasien* se trouve à Frontenas, à Saint-Julien, dans le Beaujolais, à Saint-Fortunat, etc. Il se compose de calcaires généralement marneux et ferrugineux, jaunâtres ou rougeâtres, alternant avec des marnes franchement argileuses.

Les fossiles y sont abondants, mais généralement localisés en petites couches, ce qui a permis d'établir des subdivisions dans cet étage, ce sont surtout des *bélemnites,* des *plicatula lœvigata*, etc.

Le *toarcien* forme à mi-hauteur du Mont-Cindre, du Mont-Thou et du Mont-Verdun une ceinture de faible largeur, puisqu'il n'a guère que 4 à 5 mètres de puissance, mais remarquable par sa continuité. On peut en effet le suivre sur presque tout le périmètre de ses collines.

Il se compose, à la base, de *marnes ferrugineuses rouges ou violettes;* à la partie supérieure, de *calcaire oolitique* également ferrugineux.

Cet étage est le même qui existant, avec une puissance plus considérable et une teneur en fer plus grande à Villebois et à Serrières de Briord (Ain), à Saint-Quentin et à la Verpillère (Isère), est exploité comme minerai de fer.

Dans le Mont-d'Or, on avait voulu l'exploiter aussi ; partant de la vallée de Saint Romain-de-Couzon, on avait creusé une galerie à flanc de coteau et extrait une assez grande quantité de minerai.

Actuellement ces travaux sont abandonnés, c'était d'ailleurs un minerai pauvre.

Les fossiles sont abondants dans cet étage, ce sont surtout des *ammonites* et des *pecten*.

Le *Bajocien* mesure plus de 100 mètres de puissance, c'est un étage essentiellement calcaire dans lequel on distingue trois divisions principales : 1° le *calcaire à fucoïdes ;* 2° le *calcaire à entroques ;* 3° le *ciret*.

Le *calcaire à fucoïdes* qui forme la base de l'étage est un calcaire jaune ou rougeâtre dans lequel les plans de stratification sont couverts d'une quantité de sillons courbes divergents qui paraissent être des empreintes végétales : *algues* ou *fucus*, d'où le nom de fucoïdes. L'épaisseur de ces bancs n'est que de quelques mètres ; la pierre est quelquefois compacte, souvent gélive ; on ne l'exploite pour la construction que d'une façon accidentelle, souvent on la laisse après avoir exploité le calcaire à entroques qui repose dessus.

Le *calcaire à entroques* est beaucoup plus intéressant : sa puissance est d'une cinquantaine de mètres, c'est un calcaire jaune, quelquefois rougeâtre à grain grossier, bien compacte, nullement gélif, très employé pour la construction, surtout comme moellons, la grossièreté de son grain faisant que le mortier y adhère parfaitement.

Le nombre des carrières ouvertes dans le calcaire à entroques est considérable : il y en a à Bagnols, à Chessy, à Saint-Cyr, etc.; mais les *carrières de Couzon* sont les plus remarquables par l'importance de leur production et le caractère particulier qu'imprime au passage l'immensité de leur front de taille coupé à pic.

Dans les bonnes années, leur production a dépassé 100,000 mètres cubes de moellons.

Comme fossiles, on y trouve diverses variétés de *lima* et de *pecten*, et surtout en très grande abondance des débris de tiges d'*encrinites pentacrinus*. Ce sont ces fragments qu'on a appelés *entroques*.

On y trouve aussi des géodes tapissées de *chaux carbonatée*, en beaux cristaux rhomboèdriques.

En examinant, même de loin, le front de taille des carrières de Couzon, on voit au dessus des couches jaunes du calcaire à entroques une masse gris bleuâtre qui s'en distingue d'une façon bien nette.

C'est là le *ciret*, division supérieure de l'étage bajocien : c'est un calcaire marneux légèrement bitumineux qui se dégrade assez facilement sous l'influence des agents atmosphériques.

Sa puissance totale est d'une soixantaine de mètres.

Il constitue une gène pour les exploitations de calcaire à entroques, parce que, sans avoir partout 60 mètres de puissance, il recouvre toujours plus ou moins ce calcaire et occasionne des frais de découvert.

Comme fossiles, on y trouve diverses espèces de *térébratules*, de *rhynconnelles*, d'*ancyloceras*, d'*ammonites*, surtout l'*ammonites parkinsoni*, qu'on peut regarder comme caractéristique de ce sous-étage. (1)

Le *Bathonien* est un calcaire blanc jaunâtre, tantôt cristallin, tantôt oolithique avec intercalation de filets siliceux.

(1) On avait songé à utiliser le ciret comme pierre à chaux. A ce propos on peut reppeler le résultat de plusieurs analyses.

	Résultat pour 100 grammes
Humidité à 110	0, gr. 725
Silice	38, « 119
Alumine et fer	6, « 080
Carbonate de chaux	55, « 076

Ce calcaire existe dans le bas Beaujolais: à Lisieux, Morancé, Lucenay, Pommiers, d'où il se prolonge vers le Nord. — Dans le massif du Mont-d'Or, il manque complètement. — De nombreuses carrières ouvertes dans le bathonien fournissent une belle pierre de taille connue à Lyon sous le nom de *pierre de Lucenay*.

L'*oxfordien* manque dans le Mont-d'Or et le bas Beaujolais. Il fait seulement son apparition tout au Nord du département, aux environs de Belleville, d'où il se prolonge dans le Mâconnais.

Il est composé de calcaires gris bleuâtre et de marnes, qui paraissent correspondre au *bradford-clay* des Anglais.

Comme fossiles, on y trouve des *pholadomies*.

Le *corrallien et les autres étages supérieurs du Jurassique* ne commencent à se montrer que dans le Mâconnais. On les voit apparaître les uns après les autres à mesure qu'on se dirige vers le Nord.

Cette absence des étages jurassiques supérieurs est attribuée par certains auteurs à des phénomènes de dénudation, par d'autres à un soulèvement lent qui aurait produit un retrait progressif de la mer jurassique. Quoi qu'il en soit, il est certain que les terrains secondaires du département du Rhône ont été modifiés postérieurement à leur dépôt par plusieurs soulèvements.

On peut citer d'une manière spéciale :

1° *Un soulèvement N. 40° E. parallèle au système de la Côte-d'Or, postérieur à l'époque jurassique ;*

2° *Un soulèvement N. 5° O. parallèle au système de la Corse, postérieur à l'époque crétacée.*

Ces soulèvements ont donné à nos montagnes et à nos vallées une première forme, que les phénomènes d'érosion sont venus modifier plus ou moins à une époque postérieure.

Le *terrain crétacé* manque, comme nous l'avons déjà dit, dans le département du

Rhône ; il ne fait son apparition qu'au Nord de Chalon-sur-Saône.

III. — Formations tertiaires.

Division des terrains tertiaires en 3 étages. — La période tertiaire est caractérisée par l'apparition des grands mammifères. Les géologues divisent ces formations en trois étages :

1er étage, *Eocène ;* 2e étage, *Miocène;* 3e étage, *Pliocène.*

Eocène. — On peut rattacher à l'époque éocène quelques dépôts bréchi-formes contenant des débris calcaires de divers étages jurassiques réunis par un ciment marneux et ferrugineux.

Ces dépôts ont généralement peu d'étendue; on peut en observer à Lachassagne, Curis, Collonges, Dardilly.

Ils paraissent être contemporains des dépôts *sidérolithiques* qu'on exploite comme minerai de fer dans le Berry et la Franche-Comté.

Miocène. — L'étage moyen ou miocène est représenté par les vestiges d'une *mollasse* formée de couches épaisses de sables ou graviers alternant avec quelques minces lits de marnes ou argiles, et surmontée d'un conglomérat dont les cailloux ont le plus souvent la grosseur du poing.

Ces matériaux sont tantôt meubles, tantôt agglomérés par un ciment calcaire ; l'agglomération est quelquefois assez forte pour qu'on en tire une pierre de taille de qualité inférieure.

Ce terrain se trouve sur le plateau de Dardilly.

Il forme une ceinture à la base du plateau bressan et se trouve traversé en tranchées par la plupart des chemins qui mettent ce plateau en communication avec les rives du Rhône et de la Saône.

Aux Étroits, au pied du plateau de Ste-Foy, les cailloux du conglomérat deviennent beaucoup plus gros.

Sur la gauche du Rhône, la *mollasse* se retrouve à St-Fons, d'où elle se prolonge dans l'Isère. Le chemin de fer y a taillé de beaux escarpements entre les stations de St-Fons et de Feyzin.

Pliocène. — L'étage supérieur ou pliocène est représenté par ce qu'on appelle les *sables de Trévoux.*

C'est une *formation lacustre* consistant en un sable jaune ferrugineux avec quelques intercalations d'argiles. Ces sables ont été traversés par le chemin de fer entre les stations de Neuville (P.-L.-M.) et St-Germain-au-Mont-d'Or. — Sur le bord du plateau bressan, ils apparaissent entre Neuville et Trévoux.

Les fossiles que l'on trouve dans les terrains tertiaires sont surtout des os et des dents des grands mammifères et de crustacés. On en a trouvé d'assez beaux spécimens lors de l'établissement du chemin de fer de Lyon à la Croix-Rousse ; mais le plus souvent on ne les trouve que brisés ou déformés.

IV. — Formations quaternaires.

PÉRIODE GLACIAIRE.

Au-dessus de la mollasse et des sables de Trévoux, on trouve sur tout le plateau bressau une série de dépôts que l'on a quelquefois appelés *diluviens* et auxquels on est à peu près d'accord actuellement pour attribuer une origine glaciaire :

1° Ce sont d'abord les alluvions de sables, graviers et cailloux roulés, assez semblables aux alluvions de nos fleuves et rivières, mais répandues sur des surfaces beaucoup plus grandes ;

2° Ensuite, un mélange confus de blocs anguleux de toute nature et de toutes grosseurs empâtés dans un argile de couleur variable.

Si l'on examine la nature minéralogique de ces blocs, on y trouve des échantillons de tous les terrains primitifs ou sédimentaires des Alpes, du Jura ou des montagnes du Lyonnais ; on remarque, en outre, que presque tous sont couverts de stries.

C'est ce qu'on appelle la *boue glacière* ou *erratique ;*

3° Enfin, une terre jaune, marneuse, douce au toucher, plus ou moins tendre et plastique, susceptible de s'agglomérer fortement lorsqu'elle est battue.

C'est ce qu'on appelle le *lehm* ou *lœss*, et qu'on emploie pour faire des constructions en pisé.

On doit encore rapporter à l'époque glacière :

1° *Les grottes à ossements*, c'est-à-dire les nombreux débris d'animaux trouvés au milieu des dépôts de cette époque et dans le fond des grottes qui leur servaient de refuge. Des grottes pareilles existent sur les flancs du Mont-d'Or lyonnais, et l'on y a trouvé beaucoup d'ossements d'ours, d'hyènes et de grands pachydermes. Beaucoup des espèces auxquelles appartiennent ces débris ont disparu, et l'existence de plusieurs d'entre elles implique une température plus élevée que celle de la période actuelle. C'est là, croit-on, qu'auraient péri quantité d'animaux tertiaires au moment de l'invasion des glaciers ;

2° *Les blocs erratiques*, gros blocs rocheux, éparpillés sur le terrain glaciaire ; leur volume atteint souvent plusieurs mètres cubes. L'examen de leur nature minéralogique permet de conclure que les uns viennent des Alpes ou du Jura ; d'autres, des montagnes du Lyonnais ou du Beaujolais.

Ce terrain glaciaire avec blocs erratiques couvre tout le plateau bressan. Il se retrouve dans la vallée de la Saône et même assez loin de la Saône, dans les vallées secondaires ou à leur débouché : à Durette et à Charentay, non loin de Belleville, à Rivolet sur le Nizerand, à Bagnols, Chessy, Lozanne, et dans la plaine de Quincieux, à Persange, au-dessus de l'Arbresle.

Au Sud de Lyon, il en existe sur la rive droite du Rhône à Oullins, St-Genis-Laval, Vourles et Millery. Sur la rive gauche, les dépôts glaciaires couvrent aussi une vaste étendue dans la plaine du Dauphiné, mais cette vaste région appartient pour la majeure partie au département de l'Isère. Ainsi c'est sur les bords de l'étang de Moras, près Crémieux, qu'on peut voir un de ces blocs erratiques mesurant près de 600 mètres cubes.

Les torrents sortis de ces glaciers ont érodé profondément ces formations de graviers et conglomérats ; peut-être cette action destructive a-t-elle augmenté par la débâcle de quelque lac.

La plus importante de ces érosions correspondait aux vallées du Rhône et de la Saône.

Alluvions modernes.

Les pluies dissolvent ou dégradent les terrains sur lesquels elles tombent, et entraînent dans les plaines de grandes quantités de matériaux.

Les fleuves et rivières, de leur côté, arrachent à leurs rives des matières qu'ils broient, triturent, transportent plus ou moins loin, et finalement déposent sur les terres basses à l'état de cailloux roulés, graviers, sables et limons.

C'est ainsi que s'est formée et que se renouvellent constamment la terre végétale qui garnit nos plaines et nos vallées. Le limon déposé par la Saône surtout fait la fertilité des prairies environnantes.

Le Rhône, de son côté, a une puissance d'attérissement considérable. Lors des grandes crues un limon abondant se dépose sur les terres basses situées des deux côtés de chaque rive. Cet effet serait bien plus prononcé si le lac de Genève ne faisait fonction d'un vaste récipient au fond duquel se dépose la masse des détritus entraînés.

Ce sont là les seules formations auxquelles nous assistons pendant la période de tranquillité dans laquelle se trouve présentement le globe.

Conclusions

Nous pouvons justifier maintenant ce que nous avancions au début, que la constitution géologique du Département du Rhône est extrêmement variée. Nous trouvons, en effet, les terrains *primitifs* formant les principales masses montagneuses, excepté le Saint-Rigaud. — Les gneiss et micaschistes dominent au Sud, les porphyres au Nord ; le granite et ses diverses variétés sont répandus en filons un peu partout.

Plusieurs filons *métallifères* traversent ces terrains, mais les anciennes exploitations de cuivre et de plomb argentifère ont cessé. On n'exploite plus actuellement que le filon de pyrite de Saint-Bel.

La période de *transition* est représentée par le carbonifère sous forme de carbonifère inférieur de l'Arbresle au Saint-Rigaud, de terrain houiller dans la vallée du Gier et dans le bassin de Sainte-Foy l'Argentière.

Les terrains *secondaires* forment les collines qui bordent la Saône.

En parcourant le Mont-d'Or et le Beaujolais, de Lyon à Mâcon, on trouve une succession remarquable d'étages triasiques et jurassiques. Plusieurs fournissent de beaux matériaux de construction, parmi lesquels on doit remarquer : le calcaire à gryphées arquées, employé comme pierre de taille, et le calcaire à entroques, employé comme moëllons.

Les terrains *tertiaires* sont représentés surtout par la molasse du plateau bressan, de Dardilly et de Saint-Fons.

Enfin, dans les formations *quaternaires*, on trouve de belles traces de l'extension des anciens glaciers et de fertiles alluvions qui répandues dans tout le département, permettent les cultures les plus variées.

MINES CONCÉDÉES

DU

Département du Rhône

NOMS DES CONCESSIONS	ETAT DES CONCESSIONS	COMMUNES SUR LESQUELLES S'ÉTENDENT LES CONCESSIONS
	1° Mines de Charbon	
Ste-Foy l'Argentière	Exploitée	Ste-Foy l'Argentière, Souzy l'Argentière, St-Genis l'Argentière, Haute-Rivoire, Meys, Aveyze.
La Giraudière	Inexploitée	Courzieux, Bessenay, Brussieux
La Forestière et Fontanas..	«	Chassagny, Givors
Givors et S-Martin de Cornas	«	Givors, Chassagny, S-Andéol, S-Martin de Cornas
St-Jean de Toulas	«	St-Jean de Toulus, St-Romain en Gier, Dargoire
St-Romain en Gier.........	«	St-Romain en Gier
Crocomby	«	Amplepuis
	2° Mines de Plomb argentifère	
Les Valettes	Inexploitée	Beaujeu, les Valettes
Chenelette................	«	Chenelette, Poule
Longefay..................	«	Poule
Propières	«	Propières, Chenelette, Poule
Vernay...................	«	Les Ardillats, Vernay, Saint-Didier
	3° Mines de pyrite de fer	
Sain Bel	Exploitée	Sain Bel, Sourcieux, l'Arbresle, Fleurieux, St-Pierre la Palud, Chevinay, etc.
Chessy	Inexploitée	Chessy, l'Arbresle, Bagnols, Belmont, Bois d'Oingt
	4° Mine de Manganèse	
Les Espagnes......	Inexploitée	Saint-Julien, Blacé

Tableau synoptique de la succession des terrains du Département du Rhône par ordre chronologique

I — Formations primitives

1° *Gneiss et Micaschistes ;* 2° *Porphyres* 3° *Granites.*

II. — Période de transition

1° *Grès, Schistes, Calcaires ;* 2° *Etage inférieur du terrain carbonifère ;* 3° *Terrain carbonifère.*

III. — Formations secondaires

1° TRIAS
- 1° étage *Grès bigarré*
- 2° — *Muschelkak*
- 3° — *Marnes irisées*

2° JURASSIQUE

1° éta. *Infraliasien*	4° éta. *Toracien*	7° éta. *Collavien*
2° — *Sinémurien*	5° — *Bajocien*	8° — *Oxfordien*
3° — *Liasien*	6° — *Bathonien*	

IV. — Formations tertiaires

1er étage : *Eocène.* — 2° étage : *Miocène.* — 3° étage : *Pliocène.*

V. — Formations quaternaires
Période glaciaire

Sables graviers et cailloux roulés. — Boue glaciaire. — Terre à pisé. — Grottes à ossements. — Blocs erratiques.

VI. — Alluvions modernes

TABLE

PRÉFACE 5

OBSERVATIONS GÉNÉRALES 7

FORMATIONS PRIMITIVES 8

TERRAINS SÉDIMENTAIRES 22

I Période de Transition 24

II Formations Secondaires 31

III Formations Tertiaires 46

IV Formations Quaternaires. *période Glaciaire* 48

ALLUVIONS MODERNES 52

CONCLUSIONS 55

Mines concédées du département du Rhône... 58

Tableau synoptique de la succession des terrains du département du Rhône par ordre chronologique 59

CARTE EXPLICATIVE
DE LA
NOTICE GÉOLOGIQUE
DU
DÉPARTEMENT DU RHÔNE

par
Louis Masson & Félix Benoit

Echelle de $\frac{1}{320.000}$

0 4 8 12 16 20 24 28 32
Kilomètres.

Latitude Nord 46°

Longitude Est 2°

SAÔNE ET LOIRE

AIN

ISÈRE

LOIRE

LÉGENDE

- Chemins de Fer
- Limite de Départements et d'Arrondissements
- Terrains tertiaires et quaternaires
- Terrains secondaires
- Période de transition
- Granit
- Porphyres
- Gneiss et micaschistes

www.ingramcontent.com/pod-product-compliance
Lightning Source LLC
LaVergne TN
LVHW011954160826
845678LV00002B/535

* 9 7 8 2 3 2 9 6 8 3 1 2 6 *